西南传统村寨
适应性空间优化图集

②苗岭山区

吴 潇 主编

中国建筑工业出版社

图书在版编目（CIP）数据

西南传统村寨适应性空间优化图集. ②，苗岭山区 /
吴潇主编. —北京：中国建筑工业出版社，2023.3
ISBN 978-7-112-28457-3

Ⅰ. ①西… Ⅱ. ①吴… Ⅲ. ①少数民族—民族地区—
村落—乡村规划—西南地区—图集 Ⅳ.
①TU982.297-64

中国国家版本馆CIP数据核字（2023）第039097号

参与编写人员

本　书　主　编： 周政旭　吴　潇　程海帆

分　册　主　编： 吴　潇

分册编写组成员： 冯　田　石　杨　魏新娜　陈正英　李洋名
　　　　　　　　　杨艳萍　任　影

前 言

我国幅员辽阔、地域多样、文化多元一体。西南地区是传统村落分布最为集中、地方和民族特色最为突出的地区之一。在漫长的历史进程中，植根于文化传统与地方环境，形成了风格各异、极具特色的村寨和民居，适应于不同的气候、地形、自然环境以及生计模式。但同时，西南村寨民居也存在应灾韧性不足、人居环境品质不高、特色风貌破坏严重、居住性能亟待改善等问题。现有的村寨设计技术适应性不强，相关技术单一缺乏集成，亟需研发集成西南民族村寨空间优化技术。

在国家"十三五"重点研发计划"绿色宜居村镇技术创新"专项"西南民族村寨防灾技术综合示范"项目所属的"村寨适应性空间优化与民居性能提升技术研发及应用示范"课题（编号：2020YFD1100705）的支持下，清华大学、四川大学、昆明理工大学联合西南多家科研院所、规划设计单位，开展村寨适应性空间优化技术研发示范工作，并在西南地区的数十个村寨开展示范。从技术研发与应用示范工作中总结凝练，最终形成中国城市科学研究会标准《西南民族村寨适应性空间优化设计指南》T/CSUS 50—2023。为配合指南使用，课题组编写本图集。

本书适用于中国西南地区存在空间优化及新建、扩建、迁移需求的村寨，针对喀斯特地区、苗岭山区、横断山区及高海拔聚居区等典型区域的村寨，提供适应性、本土化的设计指南和技术指引。本书共分四册，每册针对一个典型地区，涵盖村寨选址与体系优化、生态保护与农业景观、村寨形态与空间格局、公共空间与景观、村寨交通体系、村寨公用设施、公共服务设施、民居与庭院、低碳能源利用等内容。

本书由清华大学、四川大学、昆明理工大学团队合作编写。在理论研究、技术研发与指南和图集审查过程中，得到了中国科学院、中国工程院院士吴良镛教授，中国工程院院士刘加平教授，中国工程院院士庄惟敏教授，中国城市规划学会何兴华副理事长，清华大学张悦教授、吴唯佳教授、林波荣教授，四川大学熊峰教授，云南大学徐坚教授，西南民族大学麦贤敏教授，西藏大学索朗白姆教授，中煤科工重庆设计研究院唐小燕教授级高工，重庆市设计院周强教授级高工，安顺市规划设计院陈永卫教授级高工的悉心指导、中肯意见和大力支持。在技术研发与示范过程中，得到中国建筑西南设计研究院有限公司、贵州省城乡规划设计研究院、安顺市建筑设计院、四川省城乡建设研究院、四川省村镇建设发展中心、昆明理工大学设计研究院有限公司、云南省设计院集团有限公司、云南省城乡规划设计研究院等单位的大力支持。此外，过程中得到了西南多地政府部门、示范地村集体与村民的支持和帮助，在此不能一一尽述。谨致谢忱！

目 录
CONTENTS

第1章　苗岭山区民族村寨空间特征概况

　　苗岭山区指以苗族、侗族为主要世居民族的山地区域，主要位于贵州黔东南州等地。

　　侗族村寨多分布于河谷平坝，部分位于山腰坡地或山间谷地。苗族村寨多分布于山腰及山顶一带，高差、坡度相对更大。苗侗村寨整体呈现"大分散、小集中"的格局，多为聚居，鲜见杂居。苗侗人民多以种稻作为主要生计，善垦梯田、利用和改造水系。

　　苗岭山区的海拔高程主要在1200~1600m，山体绵延，水源森林资源丰富，气候暖湿润，主要属于建筑气候Ⅲ区（夏热冬冷地区）。

第 2 章　村寨选址与体系优化

2.1　资源环境适应性优化

2.1.1　村寨选址优化

为优化村寨选址自然环境适应性，应全面梳理苗岭山区村寨选址及村寨格局特征，综合考虑选址周围自然环境适应性，保护村寨空间格局整体性，应符合下列要求：

- 应保护村寨空间格局要素，包括山、水、林、田等自然环境要素，以及建筑群落格局、街巷肌理、公共空间节点、历史文化等空间环境要素。
- 应以保护自然环境要素为首要任务，加强对苗侗村寨的周边自然环境治理，注重与周边自然环境的协调，坚持可持续发展的苗侗村寨发展理念。
- 应保护整体格局的完整性与真实性，延续传统村寨肌理，控制和引导整体村寨建筑风貌等，延续其传统文化风貌。

苗侗村寨选址注重周围自然环境，多依山傍水，林木茂盛，逐步形成了如今"山—水—林—田—村"的村寨空间格局。

苗族侗族村寨选址在自然条件限制之下有相似的优势地理环境选择，然而由于苗族和侗族不同的民族文化等因素，发展出了各自不同的聚落选址特征。民谚说："高山苗，水侗家，仡佬住在岩旮旯"，就是对苗侗村寨选址差异的描述，苗族近山，侗族傍水。

苗族多为依山建寨，择险而居，因借地势，山高坡陡，寨子多建于半山腰或山顶，背靠山林，面对溪流，村落周边依山势有层层梯田。侗族多依山傍水，靠溪立寨，村寨多分布于低山、低洼的平坦地区，山势较平缓，田地多沿河谷地带发展，顺应山林与河流，聚族而居。

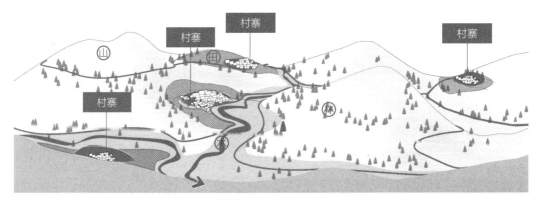

苗族侗族村寨选址

2.1.2 村寨防灾避灾体系优化

为优化村寨选址防灾避灾适应性，应完善村寨防灾避灾体系，保证选址的安全性，并符合下列要求：

- 应遵循"以人为本"原则，一切以保护人的身体及财产安全为前提，最大限度地减少人员伤亡，要做好村民防灾避灾教育及宣传工作，加强村民的防灾避灾意识和应急避灾能力。
- 应遵循"协调统一"原则，防灾减灾体系要与地方政府相关规划协调统一，结合相关防灾避灾规划指引，优化防灾避灾体系建设。
- 应遵循"预防为主"原则，以防为主，以治为辅，防治结合，有效地防止灾害事件的发生，掌握灾害防治工作的主动权。
- 应做好灾前预警网络及基础设施建设、灾中应急处理及防灾疏散网络构建、灾后安置场所规划及恢复重建工作等。
- 应加强对苗侗山区人民的防火宣传，完善消防设施配置，严格遵守防火建筑间距，梳理消防通道空间，避免重大火灾事故发生。
- 应尽量远离山谷河道，同时加强村寨河道的防洪护岸工程建设，修建防洪堤、拦洪沟等，建立完善的防洪工程保护与监管体系，提高村寨防洪标准。
- 应做好地质灾害评估与预警工作，划定地质灾害分区，避开地质灾害易发地段。
- 应构建公共卫生事件预警及应急机制，配置村寨公共卫生应急服务设施，提高突发公共卫生事件处理能力。

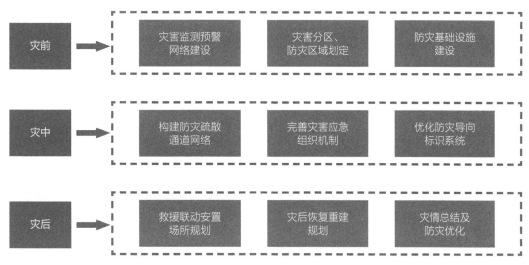

村寨防灾避灾体系优化

苗岭山区群山叠翠，山高坡陡，河网纵横，地形气候条件复杂。同时，苗侗村寨建筑多随山地地形和河谷集中连片布局，村寨建筑以木结构居多，易引发火灾，易产生滑坡、泥石流等地质灾害和洪涝灾害。

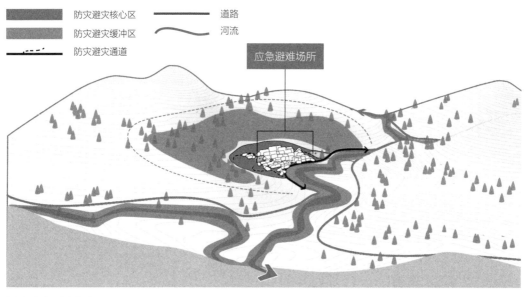

村寨防灾避灾规划

2.2　气候条件适应性优化

　　为优化村寨气候环境适应性，应结合苗侗村寨气候环境特征，从水环境适宜性、光环境适宜性、风环境适宜性三方面进行考虑，并符合下列要求：

· 村寨选址应多坐落于阳坡，背靠大山，民居建筑坐北朝南，满足充足的日照条件，防潮且便于谷物晾晒。

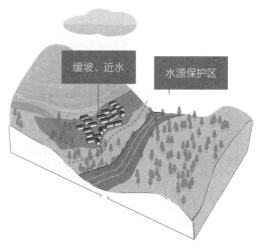

水环境优化

- 村寨建筑群落应与自然环境系统统一，根据山水环境选择适宜的建筑聚落格局，选址尽可能位于避风向阳的自然环境条件中。

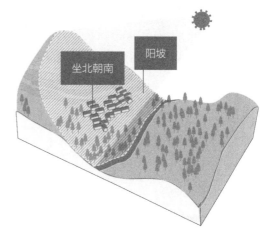

坐北朝南

阳坡

光环境优化

- 村寨应注重街巷格局的优化，适应通风环境，避风且通风条件良好，街巷网络格局与山体河流走势相协调。

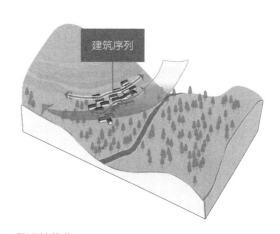

建筑序列

风环境优化

苗岭山区属于典型的亚热带季风气候带，具有明显的干湿两季，夏季多降水且集中，冬季寒冷少雨，全年气候温差较小，冬无严寒，夏无酷暑，空气湿度大，夏季降水多，全年阴天较多，日照相对稀缺。

第 3 章　生态保护与农业景观

3.1　构建生态安全格局

3.1.1　源地识别

综合考虑地域生态系统功能重要性与生态敏感性特征，分别从生物多样性保护、水土保持、水源涵养、水土流失、石漠化、地质灾害等角度分析，选取生态源地。

3.1.2　阻力面构建

综合考虑土地覆被类型、地形、人口密度、经济发展等各种因素对物质能量流动及物种迁徙扩散的影响，评估其对生态连通过程产生阻力的程度，构建阻力面。

3.1.3　生态廊道提取

在生态源地与阻力面的基础上提取出对保持生态过程完整性和维持生物多样性、景观连通性具有重要意义的生态廊道。

苗岭山区野生木本生物资源丰富，自然环境优越，但区域内河谷盆地地区仍存在植被覆盖较差、坡耕地被严重侵蚀的现象，且有泥石流等地质灾害发生。按照"源地识别—阻力面构建—廊道提取—安全格局构建"的范式构建契合区域特征的生态安全格局，执行具体的生态保护策略。

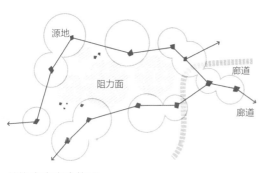

苗族生态安全格局

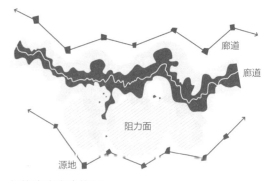

侗族生态安全格局

3.1.4 生态保护对策

针对生态源地，增强生态环境监管力度，实施山体绿化、山体生态修复工程，设置郊野公园等，增加植被覆盖率，增强固碳、土壤保持以及生物多样性维持等功能，逐步实现显山的目标。

针对生态廊道，推动多样性建设，包括风貌带、滨河绿地、生态隔离带、绿化带等，形成完整的生态骨架。

针对障碍区，优先保护和修复。根据障碍区的特点，进行不同规模的生态工程建设，优化生态要素配置，加强农田整治和防护林建设等。

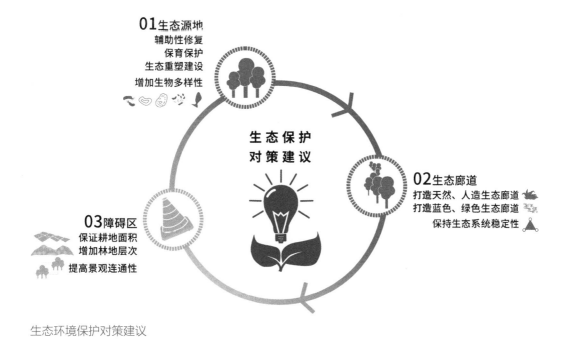

生态环境保护对策建议

3.1.5 生态用地保护规划

开展以生物多样性、水土保持、水源保护、生态农业为重点的生态用地保护规划，加强重要生态区管控，推进山、水、林、田、湖、草综合治理与系统修复，着力增强生态系统的连通性、稳定性与可持续性。其分区如下：

- 生态保育区：进行生物物种、栖息地的监测维护及濒危生物的育种繁殖工作，如监测野生动植物的饲育、自然景观生态的维护等；合理安排生态林、景观林与经济林比例，严禁对自然地形进行大规模改造；鼓励退耕还林、退耕还草、重要地区生态移民，减少人类活动对其的影响。

黔东南地区自然资源丰富，野生木本观赏植物种类最丰富的海拔区间大部分为600～1500m。植物种类2000余种，以松科、杉科植物为主的次生植被居多，属国家特有植物的有24种。有天麻、杜仲、灵芝菌、银花、茯苓、党参、血三七等珍贵药材和白颈长尾雉、猕猴、云豹、苏门羚等珍稀动物。生态保育区降水充沛，植被丰富，是中海拔地区动物的优质栖息地。

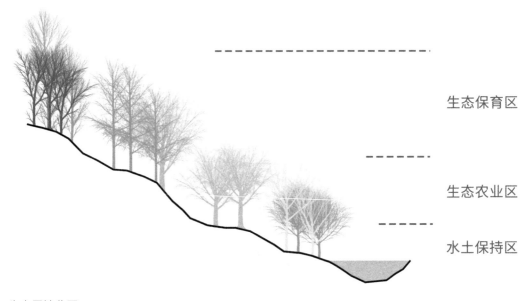

生态用地分区

- 水土保持区：对农业，可修梯田，培地埂，等高耕作，合理轮作、间作、套作、深耕，合理密植等。对林业，可封山育林，造林种草，营造护坡林、护沟林、护滩林、固沙林等，打造景观节点，营造休憩空间；增植耐干旱、耐瘠薄的乡土乔木和灌木树种，增加林地的结构和层次；形成以村寨为单位的森林保护机制，森林功能明确，砍伐有序。对水利，严格控制水电开发等建设项目，可修建塘坝，沿等高线开挖截流沟，进行沟壑治理、护岸固滩等。

黔东南山地多，自然坡度大，水源保证率低，灌溉条件差，水土保持区植被覆盖较差，有严重侵蚀现象发生。

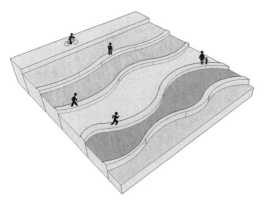

梯田景观

景观节点

· 水源保护区：禁止建设除基础设施和道路外的项目；加强对保护区内及其周边的居民污水、固体废弃物的收集和处理；在水源分流处及水源边缘种植沉水植物，拦截和吸收径流的氮磷及残留农药；丰富滨水植被体系；加强对保护区内落叶、漂浮物、动物腐尸等的清理，净化水源，为生物提供良好的栖息环境；定期监测饮用水源水质；水源地旁边设置提示标语，禁止在保护区周边使用高毒、高残留农药等。

生活饮用水水质应符合现行国家标准《生活饮用水卫生标准》GB 5749的规定。

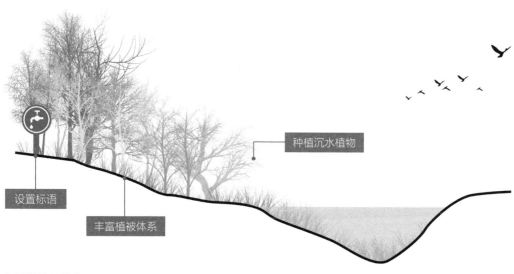

设置标语

丰富植被体系

种植沉水植物

水源保护区优化

- 生态农业区：推动基本农田保护区的划定或修改，连片基本农田划界立标、上图入库，实施占补平衡，保证基本农田不减少、耕地质量不降低，严管基本农田的用途，不得擅自更改；严控化肥农药的使用，控制载畜量和农村面源污染；提升改造农田基础设施，完善田间灌溉系统和田间生产道路网络，提高项目区灌溉保证率和道路通达度。

3.1.6 环境污染防治规划

对于村寨现存的主要环境污染问题提出有针对性的防治对策，进行以污水、垃圾、厕所等环境要素为重点的环境污染防治规划。

结合当地径流情况、地形地势和生活排水、灌溉用水等需求，对核心区生产生活产生的污水进行集中处理，防止污水直排到流域中，开展清理污水、臭水工作，组织农田周围的地面排水。利用生态处理技术打造多层级的表面流湿地与稳定池复合的净化系统。

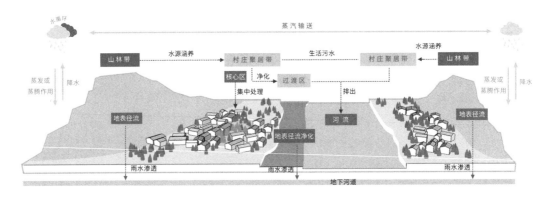

环境污染防治

持续开展农村"清洁风暴"行动，创新垃圾处理方法，构建"统一保洁、统一收集、统一运输、统一处理"模式，提高垃圾的处理效率。

垃圾处理

启动"改厕、改厨、改圈"的"三改"工程，按照国家标准，建设"旅游厕所"，推进"厕所革命"，建设村寨无害化厕所，改变"脏、乱、差"的环境状况。

"三改"工程

3.2 传承农业景观价值

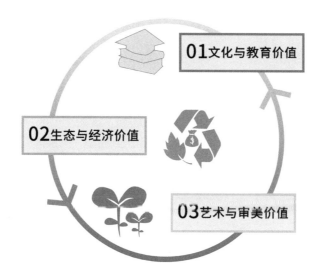

农业景观价值

景观除了具有物质形态的自然景观，也泛指主体性的、隐性的非物质形态的景象、表演、技艺、民俗活动等文化景观。"农业景观"是一个与农耕文明相关的景观生态系统，包括农田、耕地、山地等要素，具有生产性、功能性、经济性等特征。

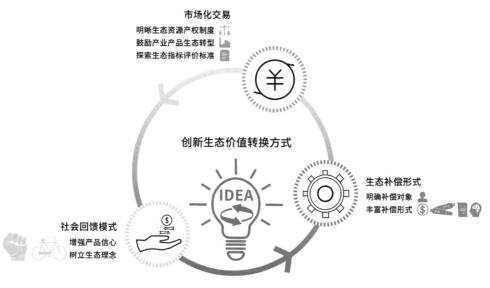

生态价值转换

生态价值转换不能只限于农业产品、文创产品、生态旅游这样的传统方式，还要扩展思维模式，创新转换方式，发挥出生态价值的优势，实现"绿水青山就是金山银山"。

3.2.1 自然景观

针对自然景观，优化"山—水—林—田—村"复合农业生态系统，有机连接生态、生活、生产，监测保护核心作物安全。

合理利用设施，在寨脚建立小型水库，利用抽水机抽取河流中的水存储其中，然后将水输送到耕地和每家每户。改进并增加农业灌溉设施，增加生产便道、机耕道。合理利用资源，在田埂之间开渠挖沟，将山顶泉水及肥料引流到田里，形成灌溉体系。

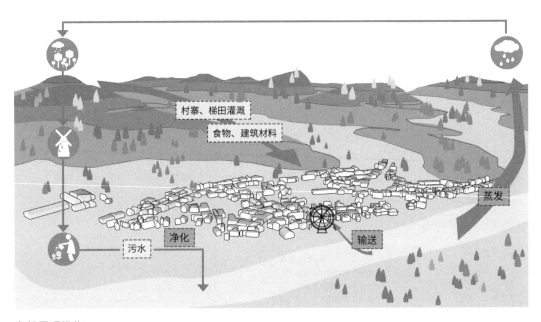

自然景观优化

结合自然条件与种植历史，建立作物品种库，将其纳入监测保护，针对不同的农作物实施不同的植物保护技术，不宜大量使用农药、杀虫剂，定期进行抽样筛查，检测农药含量。针对害虫采取诱杀技术，根据害虫类型实施防虫网阻隔等技术。

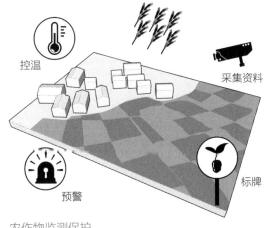

农作物监测保护

3.2.2 人文景观

针对人文景观，延续传统农耕文化、传承仪式与地域信仰。

保护传统农耕文化，开展具有本土特色的农耕活动，鼓励农户参加，延续传统耕作方式。挖掘、整理、保护农业文化遗产，积极开展文化活动，弘扬传统文化，鼓励村民参与文化的保护传承，增强本土文化自信。

延续传统农耕文化

传承仪式与地域信仰

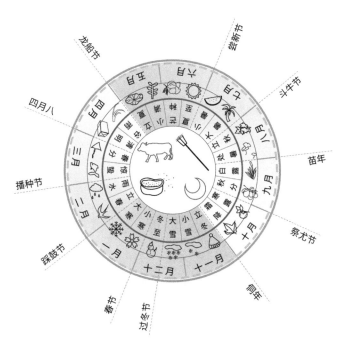

二十四节气与传统农耕节日

第 4 章　村寨形态与空间格局

4.1　村寨自然资源保护

4.1.1　保护村寨自然格局

　　村寨空间的建设应适应苗侗地区地形地貌、水系、气候等自然环境条件，保护"苗寨依山，侗寨傍水"的自然环境景观，保护其自然风貌的完整度和层次感，保护传统村寨选址的风水理念，充分尊重和延续苗侗地区村寨的历史文脉，突出地方性特色，实现人与自然和谐共生及村寨可持续发展。

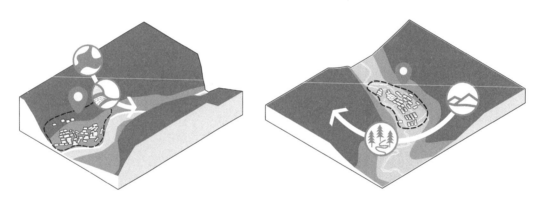

苗寨自然格局　　　　　　　　　　　　　　侗寨自然格局

4.1.2　保护村寨自然要素

　　村寨空间建设应充分保护建设村域内的自然要素，分别从整体与局部保护自然要素。

· 加强整体自然保护，加大对植被的保护力度，通过植树造林、退耕还林增加村寨内绿地空间，通过护坡绿化控制自然山体的水土流失。
· 针对村寨空间的实际情况，尊重现有绿化格局，完善局部绿化。村寨内绿地设置应从传统建筑保护的角度出发，在有条件的地段采用见缝插针的手段建设绿地。对拆除建筑后形成的空地进行绿化或硬化铺装并对村域范围内重点树木进行保护。

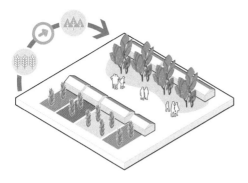

退耕还林

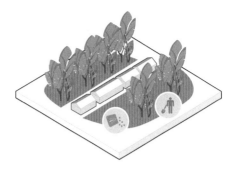

植树造林

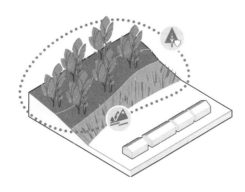

护坡绿化

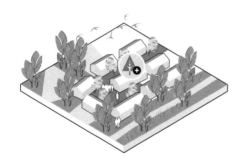

见缝插绿

拆后建绿

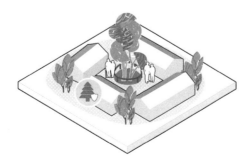

重点护绿

4.2 村寨传统肌理保护

4.2.1 村寨传统格局保护

村寨传统空间应保持原有肌底，以传统民居为基地，突出以标志性、文化性建筑为核心的风貌节点，规划公共绿地等开放空间，延续发展传统格局。保护村域内各组团的空间层次和结构，不得随意拆建；保护组团间原有巷道；保护巷道与河道的空间尺度及沿街界面的连续性和完整性。

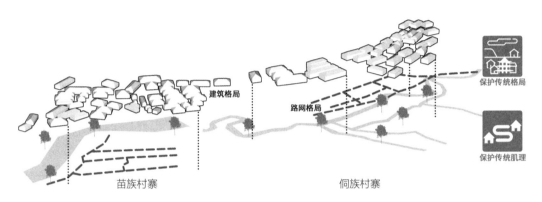

村寨传统格局

4.2.2 村寨传统风貌控制

村寨的传统空间应控制整体风貌，包括景观风貌与建筑风貌。按照苗岭山区村寨传统格局对中心节点、景观带以及传统民居片区进行景观风貌控制。建筑风貌实施分级保护，按照苗岭山区当地传统建筑形式、建筑高度和建筑材料，整治改善不符合要求的建筑，形成统一整齐的传统建筑风貌。

中心节点　　　景观带　　　传统片区　　　　建筑高度　　　建筑层数　　　建筑形式

村寨景观风貌　　　　　　　　　　　　村寨建筑风貌

4.2.3 村寨历史环境要素保护

应采取措施保护村寨的传统历史环境要素，对苗岭山区传统河道、农田、梯田、古树、古井可展开分别保护，对其本身及其周边环境进行维护，保持与村寨传统风貌相协调。对古井，保持其周边原有传统建筑风格及其完整性；对古树，进行登记存档，并挂牌保护，可结合布置座椅，定期对古树进行维护；保护河道，清理垃圾，河床可采取自然布置，也可放置鹅卵石，将不规则的石块砌体外露，使其与两岸建筑石体基础以及道路铺地相协调；运用现代农田设施，保持农田风貌的完整度和层次感，充分体现苗岭山区的"农耕"文化。

 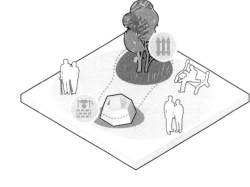

河道农田要素 古树古井要素

4.2.4 村寨非物质文化遗产保护

保护已列入《非物质文化遗产名录》的非物质文化遗产。充分理解和尊重苗族、侗族的历史文化，积极营造空间场所，促进语言、服饰、风俗、节庆习惯、文艺戏曲等传统文化传承。

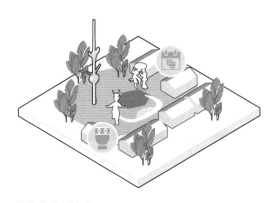 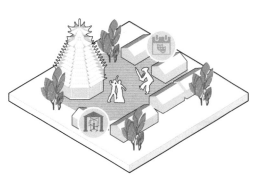

苗族非物质文化 侗族非物质文化

4.3 用地空间优化提升

现有村寨用地功能不能满足村民的生产生活需求时，应根据以下策略对不同类型的功能用地进行优化提升：

• 生活空间优化应遵循苗岭山区村民行为的习惯与变迁方式，苗族村寨生活区与生产区结合较为紧密，而侗族生活区和生产区则分别集中分布，应将其进行有机功能复合，提高生产生活便捷度，丰富公共生活，增加空间活力，培养良好的邻里关系。

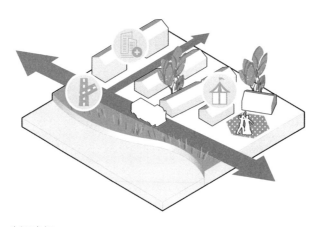

生活空间

• 生产空间优化应结合苗岭山区各自农田特点进行治理。结合苗族山地农田开展石漠化综合治理，结合侗族水田改善水利设施，提高苗岭山区耕地复种指数。生态脆弱区实行轮作休耕，不宜耕种的坡耕地逐步退耕还林或还牧，保留并提升乡村旅游功能。

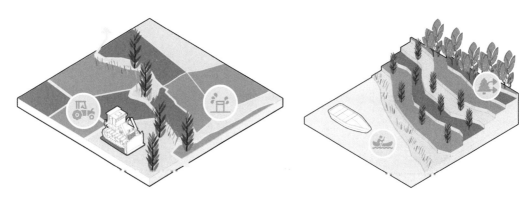

侗族生产空间　　　　　　　　　　　　　苗族生产空间

- 其他空间进行有机更新，完善苗岭山区旅游功能，植入文化休闲功能，组织公共活动，创造邻里交往机会。完善公共服务功能，按照城乡等值和乡村现代化的要求，保障居民日常生活所需的教育、医疗、卫生、社保等基础设施服务，以及游客所需的服务等。

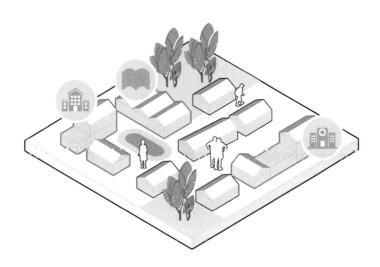

其他空间

4.4 三维空间形态控制

4.4.1 村寨组团空间控制

村寨三维形态应从建筑组团与周边环境、重点的节点建筑等层面出发，营造丰富的空间和连续错落的界面，保护村域范围内各民居组团的空间结构和层次格局，不得随意拆建，以免破坏其格局的构成。

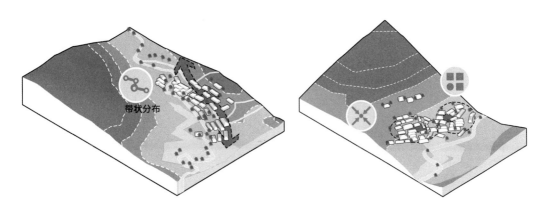

侗族建筑组团   苗族建筑组团

4.4.2 村寨三维形态控制

　　苗族村寨自然空间的三维形态建设应对山体进行风貌控制，突出山体景观特征，宜使建筑物轮廓与山脊线轮廓相映成趣。为保证山体轮廓线和山体制高点之间的视线通廊，应设定保护区域，在此区域内严格限制建筑高度，对已毁山体山脉需采取山体修补、梯级过渡等方式强化绿化种植，恢复其原有山形山势和林木景观。侗族村寨自然空间的三维形态建设应对河岸线进行天际线控制，保护其水系及沿岸的原生态水网形态，划定河道控制蓝线，对重要水域进行严格控制；保护河两岸的建筑及稻田，保护其风貌的完整度和层次感。

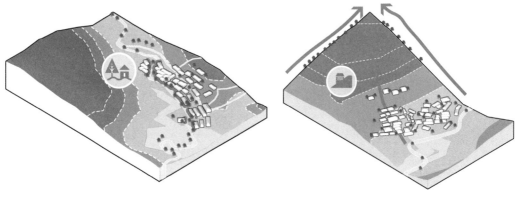

侗族河岸天际线　　　　　　　　　　　　苗族山体轮廓线

第 5 章　公共空间与景观

5.1　公共空间优化

5.1.1　公共空间优化策略

村寨公共空间的优化应尊重民族文化信仰，注重历史文化资源的保护与文化传承，应符合以下要求：

· 严格保护村寨特色公共建筑，做好公共建筑的日常维护与管理工作，核心公共建筑周边注重对文化风貌的管控。
· 延续村寨传统公共空间格局，如公共空间序列、公共空间组织特征、公共空间特征要素保护。
· 公共空间塑造应多运用民族特征文化元素，如村寨建筑特征元素、服饰纹样图案等，可以应用于公共空间的铺装、景观小品、公共服务设施设计等。

村寨公共空间优化应综合考虑与村寨自然环境与建筑聚落的协调统一，符合以下要求：

· 村寨公共空间应在遵循原有的空间格局基础上，梳理公共空间体系，以街巷连接各公共空间节点，考虑村寨原有民族文化活动流线，提升各公共空间节点可达性与整体性。
· 村寨公共空间体系应与村寨整体格局、建筑布局相适应，与周边自然环境相协调。

村寨公共空间优化应适当增加新型功能公共空间，满足多元需求，应符合以下要求：

· 在遵循原有公共空间格局的基础上，适当增加超市、快递驿站、文化活动中心等现代化公共功能空间，以及新的公共交流空间等，丰富公共空间功能。
· 完善新增公共空间公共服务配套设施、优化景观环境，包括停车、游憩、环卫等设施。

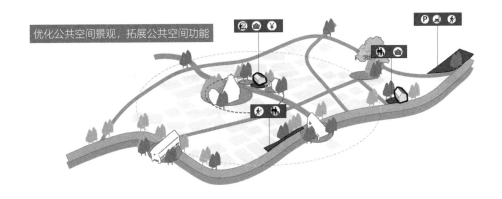

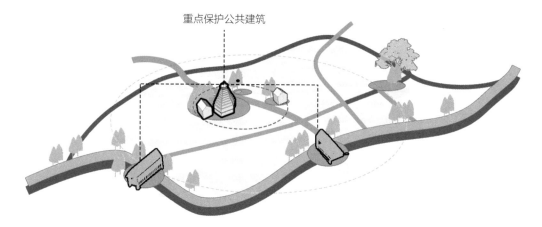

保护重点公共建筑，提升可达性

重点保护公共建筑

延续原有的空间格局，梳理公共空间体系

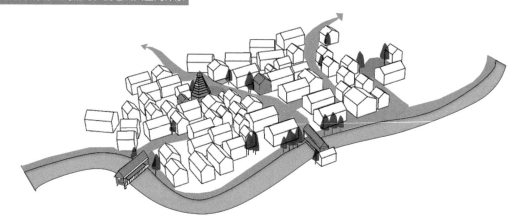

公共空间优化

5.1.2　核心公共空间优化

苗侗村寨核心公共空间优化应符合下列
要求：

· 应丰富核心公共空间绿化景观，优化整体空间环
境，增加符合民族文化的小品景观、植物等，营
造环境优美的核心公共空间。

· 应完善核心公共空间的公共服务设施，满足村民
日常需求，如坐椅、照明设施等。

· 应丰富核心公共空间的功能，如增加小型商业设
施、公共服务中心等，塑造多元复合功能的核心
公共空间。

苗族聚落的核心公共空间多为在聚落中随机分
布的空旷广场——芦笙场，依山而居，选择面
积足够大的平坦场所，可以在村里、村口或村
尾，选址不固定。

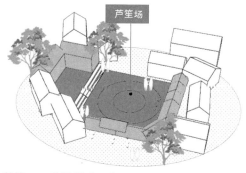

芦笙场

苗族——芦笙场（一）

侗族聚落的核心公共空间为位于聚落中心的鼓楼坪，占据聚落核心位置，其他公共空间及建筑围绕鼓楼，向心性集聚性特征明显。

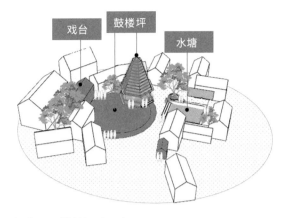

侗族——鼓楼坪（一）

丰富绿化景观，优化空间环境

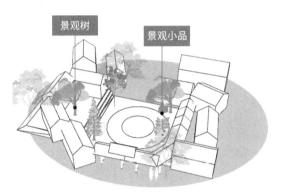

苗族——芦笙场（二）

侗族——鼓楼坪（二）

完善公共服务，满足基本需求

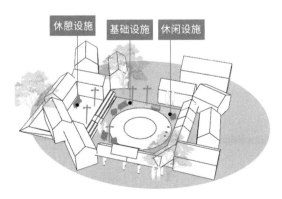

苗族——芦笙场（三）

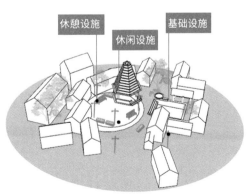

侗族——鼓楼坪（三）

增加多元化空间，丰富功能体系

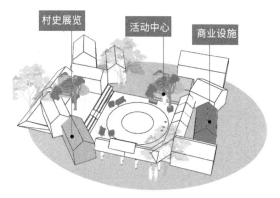

苗族——芦笙场（四）

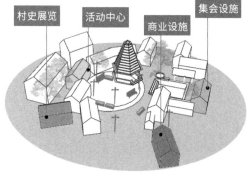

侗族——鼓楼坪（四）

5.2　景观环境优化

　　村寨景观环境优化应遵循以下几点原则：

· 与村寨自然环境相协调，顺应山水格局，以自然环境保护为首要任务。
· 尊重民族文化信仰，营造本土文化的景观小品，选择适宜的植物。
· 注重景观环境的实用性与功能性，与各功能空间环境特点相适应，考虑景观设计的尺度、植物搭配、色彩搭配等。

　　村寨自然景观环境优化应主要从以下几方面进行考虑：

· 自然景观环境优化以保护和修复为主，尊重自然山水格局，做好山体、河道等自然景观的管理与监测等。
· 采用苗侗民族特色景观元素，运用本土材料、植物等进行景观环境营造。
· 注重景观环境相应的服务配套设施，丰富景观空间功能，如增加座椅、路灯、健身器材等设施。
· 适当考虑与乡村旅游开发相结合，营造景观步道，打造滨水景观、山体景观台、露营野餐基地等。

民族特色元素应用

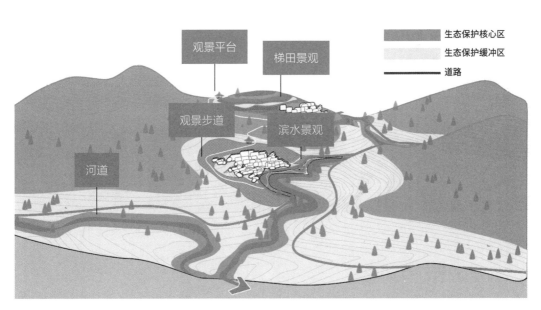

	生态保护核心区
	生态保护缓冲区
	道路

观景平台

梯田景观

观景步道

滨水景观

河道

景观环境营造

第6章 民居与庭院

6.1 民居建筑优化提升

6.1.1 建筑优化提升原则

苗岭山区建筑优化提升建议遵从以下原则：

- 保护与传承传统建筑风貌，苗岭山区民居建筑既需要新模式的建造方式，同时也要尊重当地人民的生活习惯和传统习俗，在设计上保留民族建筑的相关元素。
- 提升建筑功能与舒适性，以低成本、节能、安全、民族化为原则，提高建筑的功能性与舒适度，形成具有可实施性和推广性的黔东南传统木结构建筑模式，使得传统民居在传承中发展，在发展中创新。
- 应用新技术与工艺，对墙体、梁柱、屋面、门窗等建筑构件采取最新技术材料，解决传统民居采光、通风、隔声、保温、楼板振动等问题。
- 建筑材料选用传统民居建造材料，每种材料的用途和使用方法应与传统建筑一致。建筑色彩的选择以体现村落传统建筑风貌为原则，通过建筑主色、辅色的控制引导建筑色彩。

保护与传承

提升功能性

应用新技术

规范材料

6.1.2 建筑优化提升策略

为解决传统苗侗民居存在功能与性能上的缺失问题，宜采取功能重组的措施；建筑性能的问题可通过新材料新结构的应用予以解决。

- 苗岭山区传统建筑功能缺失主要包括人畜混居、旱厕进家、卫生条件恶劣、空间狭小、利用不合理、居住舒适性差等与现代生活方式不相适应的问题。应采取横向与竖向上的功能增加与复合，以形成"人畜分离"的建筑功能布局形态，由生产功能为主向生活功能为主演化，进行动静分区，干湿分离，利用公共空间集中整合水平和竖向交通等。

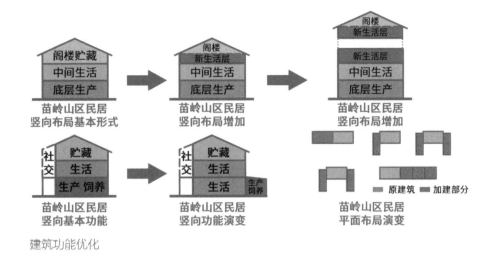

建筑功能优化

· 受亚热带季风性湿润气候和山地环境的影响，苗岭山区传统建筑性能缺失，具体体现在采光、阻燃、耐腐、隔声降噪、保温隔热、节能、功低碳环保、抗震等性能的缺失，对此可进行材料优化与新技术应用，采用"底层黏土砖，上部木结构""钢筋混凝土地基，上部木结构"等新型混合结构形式增加房屋的稳定性；采用门窗改造檐下条窗，屋顶增设亮瓦、天窗或老虎窗，以弥补采光不足；依靠屋面通风间层技术和电力，设置独立烟道进行排烟，加强通风隔烟效果；同时，采取复合墙体保温增强技术、外围护墙体保暖隔声增强技术和室内隔墙楼板隔声保暖增强技术。

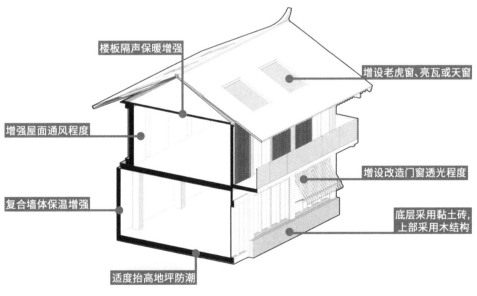

一般民居建筑

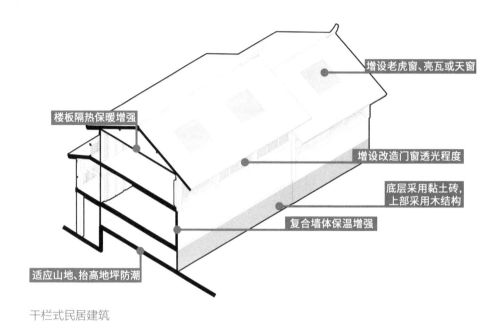

増设老虎窗、亮瓦或天窗

楼板隔热保暖增强

增设改造门窗透光程度

底层采用黏土砖，
上部采用木结构

复合墙体保温增强

适应山地、抬高地坪防潮

干栏式民居建筑

6.2 民居庭院空间优化提升

6.2.1 庭院空间优化提升原则

　　根据苗岭山区院落空间现状，将民居庭院分为保持居住性质不变的传统院落和功能转变的民居院落两类，在院落空间优化中应遵循以下原则：

· 遵循尊崇地域传统性的原则，保护构成院落形象的各个要素，可根据院落现状采用分级保护的方法，采取保护、改善、整饬等不同措施，尊重并延续院落原有的格局和空间形态，在分析原有格局的基础上进行保护，不能破坏原有的尺度和体量关系。要保护和延续苗岭山区区别于传统礼制的空间内涵以及院落布局选址的生态文化内涵。

· 对于功能待转变的民居院落，一方面要保存传统民居院落要素、布局、处理手法等特征；另一方面要合理引导院落功能转变，针对不同需求，分别建立农业生产型、民俗展示型、旅游接待型等院落的理性模型。

尊重地域性　　　　功能转换提升

6.2.2 庭院空间优化提升方式

苗岭山区民居庭院空间宜采取以下方式进行优化提升：

- 优化庭院空间布局与景观设计。尊崇苗侗民居庭院传统空间模式，兼顾民族特殊性，保护主体建筑、牲畜房、辅助用房、庭院四个要素并保留组成的院落基本格局，对前院后院采取功能分区，适量增加绿植景观。

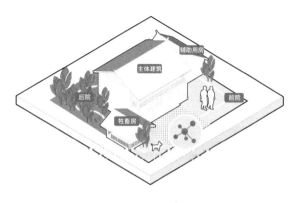

庭院空间功能布局

- 完善与规划庭院基础设施。针对苗岭山区易出现人畜混居造成的卫生条件低下的情况，集中处理设置庭院内的环卫设施，确保庭院空间环境卫生。

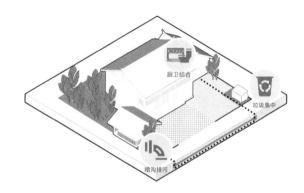

庭院基础设施规划

- 优化庭院附属建筑单体。将庭院本身零散化的家务工作、家禽寄养、打鼓晒粮等功能空间结合苗岭山区民居建筑的特征进行功能整修，形成独立的附属建筑。

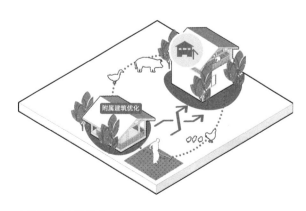

庭院附属建筑优化

· 控制庭院风貌。对庭院建筑材料进行
  控制，多用木、石等本土材料；整合
  立面，增加庭院空间采光的同时保持
  民族特征，选择苗岭山区具有种植价
  值与观赏价值的林木形成庭院的自然
  边界。

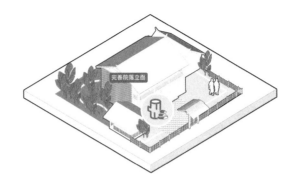

庭院风貌控制

第 7 章　村寨交通体系

7.1　道路布局原则

- 行人友好：满足交通运输行车功能的同时，照顾不同群体需求，保障人、车安全。加强道路维护和使用管理，完善非机动车道、人行道、护栏、隔离栅、照明设备、交通标志、信号灯、防眩设施等基础设施建设。

行人友好

- 环境友好：路面与沿线房屋采用适当方式进行隔离，鼓励采用绿篱、栽花、植草等形式进行绿化、美化。结合当地实际情况，设置综合排水设施，通过生态沟渠等方式有效存储水资源，进行有组织排水。

环境友好

- 道路分类：根据村落的交通需求对乡村道路进行分类，控制道路相交叉的位置、形式、间隔等，健全基本道路网络。确定村落与外部连接的道路，确定连接村落核心空间的村内道路，同时设置街巷以满足居民的日常需求与旅游观景需求。

道路分类

- 因地就势：尽量顺应、利用自然地形。充分利用原有路基，对道路与街巷进行必要的完善，如连通尽端式的道路等。建设山地路时，可通过绕环山丘、平行盘旋或树枝尽端形式等设计道路。

因地就势

- 结合游线：乡村道路布局需组织系统的内部交通，保证其不受外部环境影响。将内部交通组织与文化旅游线路结合，着重管理功能交叉处，如民宿等区域，保障村民与游客安全。

结合游线

7.2　道路规划设计

7.2.1　类型化道路设计指引

　　乡村道路交通量小，功能多样，根据其主要承担的功能进行分类，可分为外联性道路、内部交通性道路以及生活性道路：

- 外联性道路：村落与外部联通的主要道路，承担着货物运输、旅游等功能，设置双向车道及非机动车道，同时设置弹性空间，满足不同时期、不同人群的通行和停车需求。
- 内部交通性道路：村落内部的主要道路，联系村落核心空间及农田、河流等地，满足机动车及非机动车的通行和停车需求。
- 生活性道路：沟通邻里的生活性街巷，满足入户、休闲娱乐、观景等需求，是村民交流、游客体验慢行生活的主要场所。

街巷道路与地形的关系：

苗族街巷空间与山体的关系分为垂直于山地等高线、平行于等高线、斜交于等高线三种。主要道路是垂直于等高线的道路，沿等高线布置的道路是宅前入户道路。

侗族街巷空间与水体的关系分为在水体一侧平行于水体、在水体两侧平行于水体、水体环绕村寨三种。平行于水布局的街巷空间是比较常见的形式，水体环绕侗寨布局的形式比较少见。

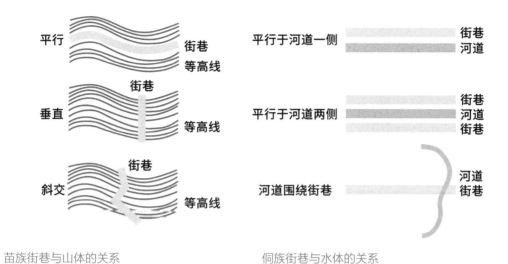

平行
街巷
等高线

垂直
街巷
等高线

斜交
街巷
等高线

平行于河道一侧
街巷
河道

平行于河道两侧
街巷
河道
街巷

河道围绕街巷
河道
街巷

苗族街巷与山体的关系

侗族街巷与水体的关系

村寨内部承载慢行交通的街巷分为村内巷道、登山步道、滨水栈道与农田栈道等，宜就地取材，利用当地的卵石、片石等进一步硬化路面；适当增加小径宽度、增加护栏等，提高慢行安全性与舒适性。

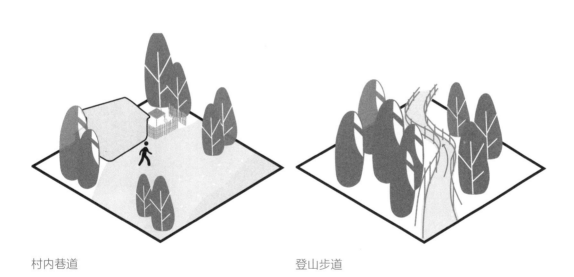

村内巷道

登山步道

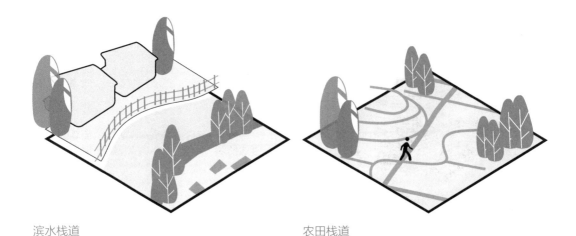

滨水栈道   农田栈道

7.2.2　生态停车场

　　生态停车场的布局与设计应遵循以下原则：

· 因地制宜：结合村庄入口和主要道路，开辟集中停车场；充分
　利用地形的天然高差，在山顶、山腰、山脚甚至临河沿岸分别
　布设停车场出入口；合理利用宅前、路边等零散空地，设置分
　散的停车场地。

因地制宜

· 以人为本：大型运输车和农用车在村庄边缘入口处停放，减少
　对村民生活的干扰；根据旅游线路设置旅游车辆集中停放场
　地，并结合当地景区对于停车位的需求，设计较为便捷合理、
　人性化的路线。

以人为本

· 通达性：停车场主要布局在外联性道路附近，需结合重要功能
　组团布局，保障组团的停车需求；针对内部空间设计，保证无
　论在哪个区域下车，行人和行车都可快速便捷地直达停车场出
　入口，保证停车场的通行效率。

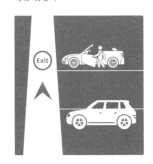

通达性

- 可持续发展：设置下凹式绿地、植草沟、雨水湿地和透水铺装等海绵设施；利用可再生新型环保材料，较少或不用污染较为严重的传统建筑材料；采用被动式节能技术，充分利用可再生能源。

可持续发展

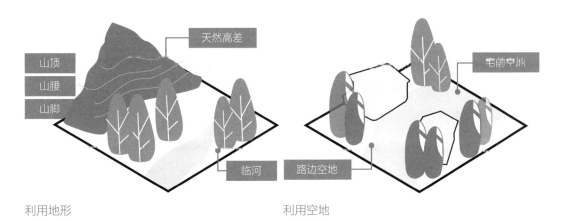

利用地形   利用空地

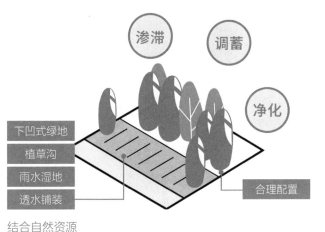

结合自然资源

充电桩

7.2.3 辅助设施

优化提升现有道路基础设施，增补交通辅助设施以满足不同群体的需求。

- 修缮坑洼不平的石板路、破损的屋间阶梯等，提高用料质量，加强施工质量监管及养护；维护现有照明、垃圾箱等设施，增设防眩设施、交通信号灯等安全设施。
- 增设货物装卸点、快递柜、公交车站、临时摊位、卫生间、便利店、休憩空间等交通辅助设施，完善基本服务功能，提供良好的体验。

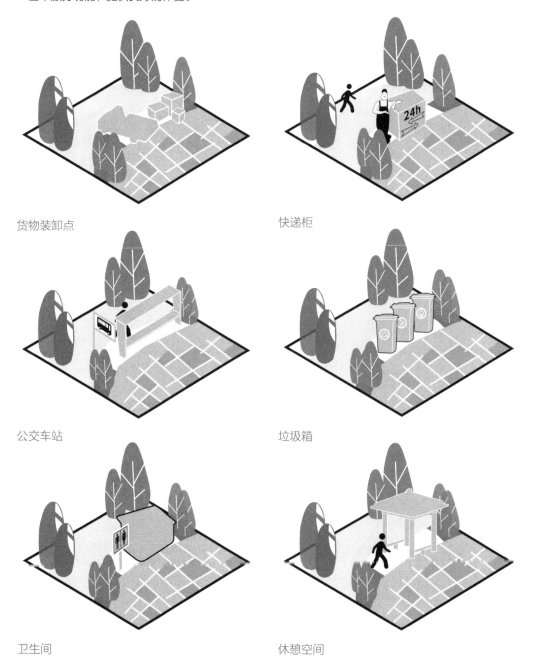

货物装卸点　　　　　　　　　　　　快递柜

公交车站　　　　　　　　　　　　　垃圾箱

卫生间　　　　　　　　　　　　　　休憩空间

第 8 章　乡村环境污染治理与人居生态环境美化

8.1　村寨环境问题及低成本解决措施

8.1.1　苗侗村寨布局环境问题

苗族村寨多数依山而建，分布在山腰和山顶较平坦的地方，村寨的空间布局并没有人为规划秩序，房屋多顺地势地貌修建，通过巧妙设计使得建筑与自然地势融为一体。苗族村寨布局灵活、分散，深居山林苗族人多为种养殖户，分散的房屋附近有大小不一的农业梯田，种植着当地特色果蔬，苗族人的生活质量在很大程度上取决于生态环境，有靠山吃山的特点，因此苗族村寨极易面临生活用水污染、种养殖废弃物、土壤污染等生态环境问题。

侗族村寨普遍近水而居，村落布局环境有依山傍水的特色，因为早期稻作农耕生活方式让侗族祖先意识到水源对族群生存和发展的重要价值和作用。侗族村寨的房屋分布集中、成片，呈带状和团状分布且靠近溪流，侗族人往往还在村寨或住房附近挖大小不等的堰塘，引入山泉形成人工水环境，侗族人的日常社交、节庆、祭祀等活动都靠近水边进行。因为水体的重要性，侗族人除了注意维护自然泉井、溪流、堰塘水体的清洁外，还需要处理村寨生活垃圾以及现代旅游业带来的外来垃圾。

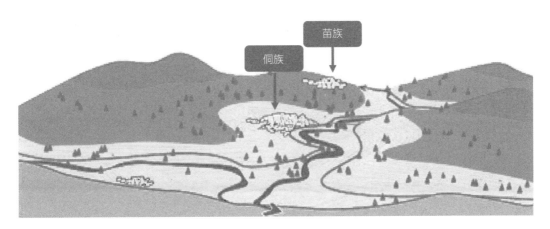

苗族侗族村寨布局

8.1.2 苗侗村寨水体环境提升

实现水环境安全是村寨生产发展和生命安全的重要保障，苗族和侗族改善水环境需要考虑低碳节能、因地制宜的设施和方法。

* 苗族村寨依山而建且村落空间分布零散，若要处理污水，其操作过程较为复杂，且需要大量的人力和物力成本，采用现代科技净水不仅投资成本高，而且会增添生态环境负担，而苗族村寨选址具有天然的海拔优势，生活污水处理可以充分利用水重力自流制作低成本、低能耗的污水处理器，通过微生物、动植物的作用对水质起到净化作用，这种方式不仅节省大量资金，还符合生态环境保护观念，在污水处理过程中没有附加污染物的排放，且污水处理过程简单易操作，净化效果好。

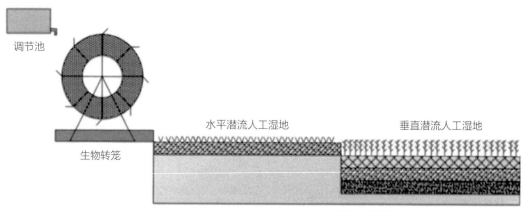

生物转笼生态耦合污水处理系统

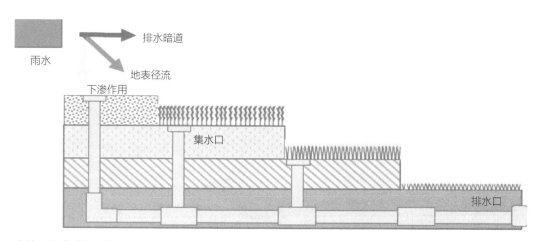

水体重力自流与村寨内部防洪排水方式相结合

· 侗族村寨近水背山，水是侗族村落发展的重要资源，随着生活水平的提升，侗族人口日益增长，村寨生活污水处理的压力增加，若利用现代技术处理仍然会消耗大量的人力物力和财力，但可以利用当地充足的太阳能和风能资源提供的电力对生活污水进行处理和循环利用，发展风光互补分散式生活污水处理循环利用系统，在净化水质的同时还起到节水效果。多雨季节，村寨邻近的溪流涨水，为减少溪水涨水浸没房屋和庄稼，造成居民经济损失，可以采取河岸、河堤的方式降低江流泛滥的可能性。

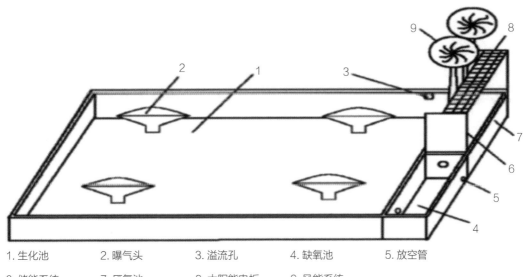

1. 生化池	2. 曝气头	3. 溢流孔	4. 缺氧池	5. 放空管
6. 储能系统	7. 厌氧池	8. 太阳能电板	9. 风能系统	

风光互补分散式生活污水处理循环利用系统

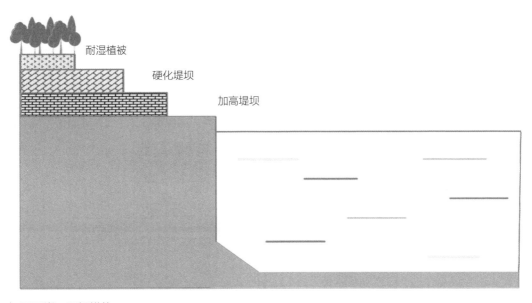

加固河岸、河堤措施

8.1.3 苗侗村寨生活垃圾处理

苗侗村寨整体分布于山水林木中，生活主要以原始的农耕种植和养殖为主，在种养殖过程中会产生大量农牧废料，因此种养殖废弃物的处理是垃圾处理中的主要类型。普通农牧废料的处理方式为焚烧或填埋，不仅产生污染气体、污染水源和土壤、占用土地资源等，还容易诱发森林火灾，垃圾处理效率较低且附带一定的负面环境效益。针对农村小环境，应该采取环境友好、生态和谐的垃圾处理方式，可以利用种养殖废弃物循环利用技术，在垃圾处理过程中为四季农作储肥，在低成本、低能耗、低污染的条件下为农业发展增益，实现环境和农业发展双赢。

随着生活水平提高，苗侗人口迅速增加，苗岭山区特色旅游也逐渐兴盛，大大增加了苗侗村寨的环境压力，垃圾产量明显增多，且出现难以自然降解的生活垃圾，没有及时处理的垃圾对环境威胁巨大，破坏了苗侗村寨的生态环境。

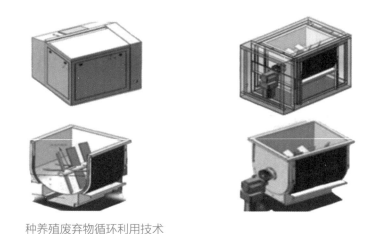

种养殖废弃物循环利用技术

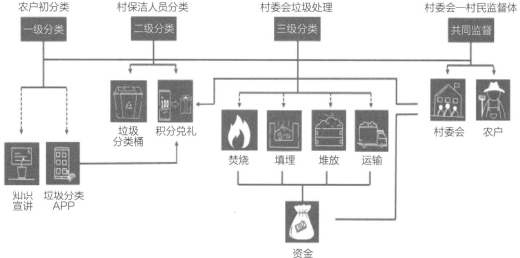

农村垃圾分类处理系统

8.2 乡村生态环境保护和提升方案

8.2.1 乡村绿色基础设施规划建设框架

乡村绿色基础设施系统主要分为基质和设施部分，基质包含自然基质、人工基质，设施包含绿色设施和灰色设施。苗侗村寨作为植被覆盖率较高的乡村地区，其基质部分较为丰富，即生态系统较为完整，而设施部分建设较为薄弱。为了提高乡村绿色基础设施建设，需要完善设施建设。苗岭山区已有自然绿地、生态田园和生态保护用地等绿色基础设施，起到美化环境、涵养水源、保持水土和调节区域气候的作用。目前，苗岭山区已有部分绿色设施，还涉及大量灰色设施待生态化改造，可以通过新建绿色安全引水供水系统、绿色污水处理系统、绿色排水系统等措施对灰色基础设施生态化进行改造。

引水、供水系统安全化

· 引水、供水系统安全化

　　摒弃饮用无净化措施的泉水和雨水的习惯，应为较集中民族村寨划定集中式饮用水源地，加强水质监测和污染预防工作，保障居民饮水、用水安全。

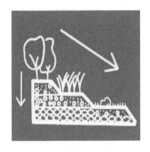

污水处理系统绿色化

· 污水处理系统绿色化

　　合理利用好乡村生态环境的自净能力，污水和雨水的分流能极大地提高污水处理和雨水净化效率，可以通过阶梯式地形、树木、湿地植物、石头、土壤及微生物对污水进行过滤，形成低能耗、低成本的水重力自流型污水处理系统。

排水系统绿色化

· 排水系统绿色化

　　降低对动力抽水排水设备的需求，山区排水应多借助山地水重力自流的地形，拓宽水流急、弯度大的河道，在易积水的区域修建潜流式人工湿地调蓄雨水；近河岸排水应加固河道生态堤岸，利用原有植被或挑选植被、枯枝和其他材料相结合的方式固堤，减少水体侵蚀，控制沉积。

垃圾处理绿色化

· 垃圾处理绿色化

改变垃圾无序堆放和焚烧的处理方式，循环利用种养殖废弃物，同时为农业发展提供四季储肥保障。居民应树立垃圾分类意识，难以自然降解且对环境危害大的垃圾应转运至处理厂进行特殊处理。

8.2.2 人居生态环境适应性提升

苗侗村寨人居生态环境提升要维护生态环境的初始风貌，保护当地特殊动植物，比照相似环境修复已破损生态地区，纠正居民在日常生活中造成环境污染及威胁生命健康的错误生活习惯，树立绿色低碳、环保节约意识，增强卫生健康意识。

· 规划生态环境保护区：通过科学勘测和分析，找出适宜生态环境保护和建设用区，为可持续发展预留开发区。
· 绿色基础设施建设：在完善已有绿色基础设施工作基础上，对污水治理、供水排水系统和垃圾处理等灰色基础设施进行生态化改造，以低能耗、低成本的绿色基础设施保障村寨居民基本生活和健康安全。
· 健康低碳生活方式：居民树立卫生安全和低碳环保意识，改正传统落后的、错误的生活习惯，采取饮用高质水源、种养殖废弃物循环利用和垃圾分类等健康生活方式。
· 提升人居生态环境适应性：最终实现人与环境和谐共生的目标，形成结构复杂、层级多样的生态系统，加强乡村生态环境的自我保护、自我净化和自我更新，使之具有一定的抵抗生态环境污染的能力，实现生态环境的可持续发展。

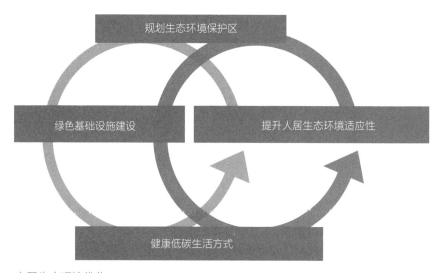

人居生态环境优化

第9章 乡村清洁能源与农林减排碳汇

9.1 乡村清洁能源利用

9.1.1 多元清洁能源利用

利用丰富的太阳能资源

· 利用丰富的太阳能资源

　　苗岭山区为多山区，在山体空旷区和荒漠区设置光伏发电板，借助较高的地势，充分接受日照，节约利用山区土地资源。光伏区的建立同时带动配套就业岗位的出现，对环境保护和地区整体发展起着重要作用。

利用充足的水资源

· 利用充足的水资源

　　苗岭山区多江流，上游河床狭窄、滩多水急，而下游河床平缓、宽阔，因此在地势落差大的上游，势能资源可以转化为丰富的水能资源，而平坦开阔的下游水面可承载各式各样的商船和客船。

· 利用多元的生物能资源

　　苗岭山区坐拥青山绿水，是演绎原始农耕生活的舞台。苗岭山区有高大的山、葱郁的绿树和层层叠叠梯田，人们的传统民居里饲养着各类牲畜家禽，这里有着丰富的生物资源，秸秆、农家肥、牲畜粪便、微生物等，可以有效地将其综合利用开发成清洁生物能资源。

利用多元的生物能资源

· 利用充盈的风能资源

苗岭山区为典型的亚热带季风气候区，有"一山分四季，十里不同天，无灾不成年"的说法，该区的生活环境受风环境的影响明显，尤其山区的风力资源十分丰富。

利用充盈的风能资源

9.1.2 清洁能源用能体系

苗岭山区清洁能源的开发利用可以划分为居民日常生活尺度和整体村寨尺度，形成两个清洁能源利用系统。

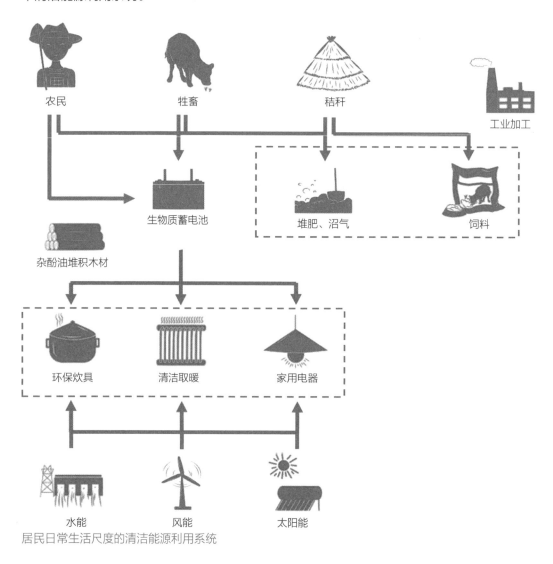

居民日常生活尺度的清洁能源利用系统

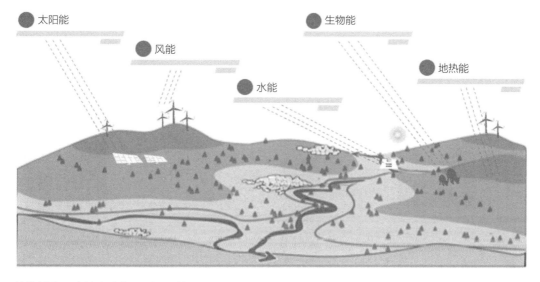

整体村寨尺度的清洁能源利用系统

9.2 农业减排与林业碳汇

9.2.1 农业生产节能减排

农业生产过程的节能减排涉及多个主体，农民是农业节能减排的主体，企业和政府可以用特殊的方式参与和协助节能减排过程，可以通过改变生产方式、改变土地利用方式、进行碳交易等方式进行农业生产环节减排。

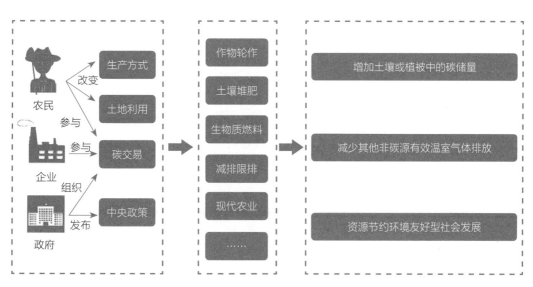

农业减排实现过程路径图

9.2.2 林业碳汇与特殊生态补偿机制

苗岭山区林业碳汇历史悠久,是大型碳汇基地。林业碳汇主要有两种方式:生态补偿的市场手段和生态补偿的地方习俗与制度方式。

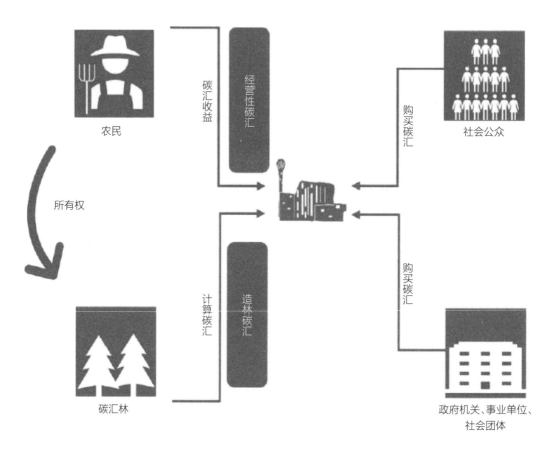

村寨林业碳汇示意图